AF371463

Made in the USA
Monee, IL
07 July 2026

56550164R00070